La Luna vista desde diferentes latitudes

Peter D. Geldart
Miembro, RASC

Traducido del inglés por Google Translate

I0105641

La Luna vista desde diferentes latitudes

Peter D. Geldart
Miembro, RASC
geldartp@gmail.com

Traducido del inglés por Google Translate

aprox. 4000 palabras.
44 páginas
10 x 15 cm

Arial 8
Courier New 14
Times New Roman 11

Portada: Una luna gibosa se eleva sobre un lago en una
tarde de diciembre (obsérvese el hielo a lo lejos). Vista al
sureste desde 45.4693 de latitud norte y 75.8106 de
longitud oeste. Fotografía del autor aprox. 1990.

Petra Books
MBO Coworking
78 George St., Suite 204
Ottawa, ON K1N 5W1
613-294-2205

Publicado previamente, parcialmente, en la revista British
Astronomical Association Journal, abril de 2025.

Índice

Resumen

La altitud de la Luna sobre el horizonte depende de la latitud y del ángulo que forma su órbita con el plano ecuatorial de la Tierra (su declinación). Se proporciona la fórmula para la altitud máxima. La Luna, una criatura propia de los trópicos, solo puede verse en el cenit dentro de, como máximo, los 28,5° de latitud norte y sur. El autor presenta gráficos de la altitud de la Luna vista desde diversas latitudes en verano e invierno, y analiza los tránsitos superiores e inferiores.

Geldart

Introducción

Este ensayo pretende destacar los factores que influyen en la trayectoria y altitud aparentes de la Luna cuando se observa desde diferentes latitudes. Es la misma Luna en la misma fase, presentándose a todos en el lado nocturno de la Tierra, independientemente de su latitud. La Luna también puede verse durante el día, como cuando la Luna pálida se encuentra en el cielo occidental mientras el Sol asciende por el este, o cuando la Luna llena sale por el este mientras el Sol se pone por el oeste.

Los gráficos de las páginas siguientes muestran las curvas de altitud de la Luna vistas desde tres latitudes bajas y medias: 0° (ecuador), 22° y 45°, y tres latitudes altas: 70°, 80° y 90° (polo). Para contextualizar, las poblaciones en estas latitudes incluyen Río de Janeiro y Singapur (0°), Hong Kong y São Paulo (22° N y S), Venecia y Queenstown (45° N y S), Inuvik y Múrmansk (70° N) y Alert (80° N). El único lugar ocupado en un polo es la Estación Amundsen-Scott del Polo Sur (90° S).

Debido a la rotación de la Tierra hacia el este, vemos la salida de la Luna por el este, su tránsito (mirando hacia el ecuador) y su puesta

3

por el oeste.[1] Al igual que con el Sol, los planetas y las estrellas, el movimiento de la Luna hacia el oeste es ilusorio: es el observador quien se desplaza hacia el este impulsado por la rotación de la Tierra. El aparente avance de la Luna hacia el oeste es ligeramente menor que el de las estrellas de fondo debido a su propia órbita real hacia el este..[2]

He utilizado datos del JPL Horizons de la NASA.[3] con una longitud de Greenwich (0°), Tiempo Universal (UT) y el año de muestra 2030.

---

1 El tránsito se produce cuando un objeto celeste parece cruzar el meridiano del observador, una línea imaginaria que va de un polo al otro a través del cenit del observador. Los términos «origen, tránsito y puesta» (RTS) son términos artificiales que describen el efecto de la rotación de la Tierra. Vea el time-lapse de Aryeh Nirenberg en https://youtu.be/1zJ9FnQXmJI

2 La órbita de la Luna hacia el este "promedia 3681 kilómetros por hora… lo que corresponde a una velocidad angular media en la esfera celeste de unos 33 minutos de arco por hora… [casualmente, su] diámetro aparente". La Luna, nuestro vecino celeste más cercano. Zdeněk Kopal, pág. 6, Chapman and Hall, Londres, 1960.

3 El servicio de datos Horizons del JPL de la NASA en https://ssd.jpl.nasa.gov/horizons/
Otros sitios de interés incluyen:
- El servicio de datos del Observatorio Naval de los Estados Unidos en https://aa.usno.navy.mil
- Hora y fecha en https://www.timeanddate.com/moon/

Metodología

Comencé esta investigación intrigado por el hecho de que la velocidad de rotación hacia el este de un punto de la superficie terrestre disminuye a medida que aumenta la latitud, y la esfera celeste parece moverse más lentamente hacia el oeste hasta que, vista desde el polo, las estrellas son circumpolares. La Luna, cuya órbita es prógrada, parece moverse hacia el este con respecto a las estrellas de fondo a una velocidad de 13,2° por día.[4]. Mi hipótesis era que el movimiento aparente de la Luna hacia el oeste debería disminuir a medida que aumenta la latitud, y cerca del polo debería verse moviéndose hacia el este en su órbita verdadera.

Al examinar en detalle las efemérides lunares en JPL Horizons (ascensión recta, acimut, ángulo horario aparente local, movimiento celeste), no pude encontrar ningún factor que disminuya a medida que aumenta la latitud del observador.

Sin embargo, la Luna permanece sobre el horizonte durante varios días en latitudes altas, lo que debe estar relacionado con la menor

---

4 https://public.nrao.edu/ask/variability-of-the-moons-apparent-motion-through-the-sky/

circunferencia y la menor velocidad de rotación. También descubrí algunas fechas en el año de muestra (2030) en las que, a 90°, la Luna salió con acimut oeste y se puso por el este. Sin embargo, había muchos números de acimut de salida y puesta aparentemente aleatorios.

Jeff C., desarrollador de las efemérides Sunmooncalc, quien también me llamó la atención sobre la ecuación (1), así como sobre las referencias a Duffett-Smith y Meeus, aconsejó:

"...las contribuciones relativas[5] ...la relativa no cambia con la latitud. En los polos, la velocidad lineal es cero y la dirección carece de importancia. … En latitudes extremas, la salida y la puesta se determinan principalmente por cambios en la declinación, por lo que el acimut parece ser algo aleatorio. … La tasa de cambio depende tanto de la declinación como de la latitud, y no existe una fórmula simple como la de la altitud máxima".

- Jeff C., comunicación por correo electrónico, 2025

En cuanto al movimiento aparente de la Luna visto desde diferentes latitudes, Jon G. de JPL Horizons afirmó:

---

5 Un día sideral dura 23 h 56 m 4 s… por lo tanto, la velocidad angular de la Tierra es ωE = 360°/23,934444 h = 15,041085°/h. La Luna completa una órbita en un mes sideral, por lo que su velocidad angular orbital es ωM = 360°/27,321661 días = 0,54901494°/h. Dado que la órbita de la Luna es prógrada, su velocidad angular con respecto a un observador terrestre es $\omega E - \omega M$ = 15,041085°/h – 0,54901494°/h = 14,49207°/h. Por lo tanto, el 96,3 % del movimiento se debe a la rotación de la Tierra. — Jeff C., comunicación por correo electrónico, 2025.

"El acimut y la elevación son coordenadas locales derivadas de la rotación de la Tierra, basadas en la dirección cenital local y el plano perpendicular a ella. ... Fije la Luna (301) como objetivo, solicite la salida de la cantidad 2 (RA y DEC), 3 (tasas de RA y DEC), 4 (ángulos azimut-elevador), 5 (tasas azimut-elevador) y/o 47 (movimiento del cielo)."

- Jon G., comunicación por correo electrónico, 2025.

No pude demostrar que la verdadera órbita de la Luna comienza a revelarse a los observadores a medida que aumenta su latitud. Quizás las observaciones reales en estas latitudes altas para cronometrar la trayectoria de la Luna, en lugar de basarse en tablas de datos calculados, proporcionarían una respuesta.

Durante el resto del ensayo, fue sencillo generar gráficos en Microsoft Excel utilizando los datos de JPL Horizons que muestran la altitud aparente de la Luna en invierno y verano, vista desde seis latitudes de muestra. Contribuciones.

Un sistema de coordenadas

Al igual que los antiguos, podemos imaginar una cúpula celestial con destellos de luz. Sobre ella se proyectan las líneas de longitud y latitud de la Tierra.

Los sistemas de coordenadas ayudan a comprender la relación Tierra-Luna. Duffett-Smith:

"Para determinar la posición de cualquier objeto astronómico, necesitamos un marco de referencia, o sistema de coordenadas, que asigna un par de números diferente a cada punto del cielo. Estos dos números, o coordenadas, suelen referirse a la circunferencia y la altura, al igual que la longitud y la latitud de un objeto en la superficie terrestre. Existen… el sistema del horizonte, el sistema ecuatorial, el sistema eclíptico y el sistema galáctico."[6]

---

6 Astronomía práctica con calculadora. Peter Duffett-Smith. Cambridge University Press, 2.ª ed., 1981.

Una línea longitudinal de un polo a otro que pasa por el cenit directamente encima es el meridiano del observador. A medida que la Tierra gira, un cuerpo celeste parece moverse de este a oeste a través del meridiano del observador, donde alcanzará su altitud máxima. Este es su tránsito superior. Doce horas más tarde, a medida que la Tierra gira y desplaza al observador hacia el "otro lado", parece cruzar el meridiano de nuevo en su tránsito inferior, probablemente por debajo del horizonte, a menos que, en latitudes altas, mirando hacia el polo, se vea como circumpolar, permaneciendo por encima del horizonte.

Se puede derivar una fórmula para la altitud de la Luna. La altitud máxima de la Luna, hmáx, se calcula a partir de su declinación (δ) y la latitud del observador (ϕ) de la siguiente manera:[7]

$$\text{hmáx} = 90° - |\delta - \phi| \text{ (Ecuación 1)}$$

---

7 Véase también Krisciunas K. et al. Los tres primeros peldaños de la escala de distancias cosmológicas, Am. J. Phys., 80(5), pág. 430 (2012). https://scispace.com/pdf/the-first-three-rungs-of-the-cosmological-distance-ladder-1zeg8nff9i.pdf

Tenga en cuenta que los valores de altitud y declinación obtenidos de JPL Horizons son topocéntricos (el observador se encuentra en la superficie terrestre):

"Para los objetos del sistema solar… la paralaje es la diferencia de dirección entre una observación topocéntrica (realizada por un observador real en la superficie de la Tierra) y una observación geocéntrica hipotética [un observador en el centro de la Tierra]".[8]

---

8 Meeus J., Algoritmos astronómicos, 2ª ed., Willmann-Bell Inc., Richmond, Virginia, 1988, pág. 412.

Observer latitude on the Earth (deg)	Earth circumference (km)	Observer on the Earth's surface: linear speed of eastward rotation (km/hr) $2\pi R \times \cos(\text{lat}) /24$ hr	Moon above the horizon when on the night side of Earth (hrs)
0° (equator)	40,000 km	1670 km/hr	12 hrs
22°	37,000	1550	6-12 hrs
45°	28,000	1200	6-12 hrs
70°	14,000	570	Various hrs and one 6-day period /month
80°	7,000	290	Various hrs and one 11-day period /month
90° (poles)	0	0	One 14-day period /month. (half a month)

Tabla 1. Variación de los factores debido a la rotación terrestre hacia el este.
Fuentes: https://www.vcalc.com/wiki/MichaelBartmess/Rotational-Speed-at-Latitude.
Servicio de datos NASA JPL Horizons: https://ssd.jpl.nasa.gov/horizons/.

La rotación de la Tierra

El Sol, la Luna, los planetas y la esfera celeste en general parecen moverse de este a oeste debido a la rotación de la Tierra hacia el este. Es común que la Luna y el Sol parezcan salir y ponerse más rápido y de forma más perpendicular al horizonte en el ecuador que en otras latitudes. Además, la velocidad hacia el este de un observador en la superficie terrestre disminuye a medida que aumenta la latitud, ya que la circunferencia que debe recorrer en 24 horas es menor. A latitudes crecientes, el Sol y la Luna salen y se ponen en ángulo con respecto al horizonte y tardan más en hacerlo. Por encima de unos 70°, la Luna permanece sobre el horizonte durante varios días porque se ve, en el hemisferio norte, al sur (tránsito superior) y continúa sobre el horizonte a medida que el observador gira alrededor del polo, viendo la Luna sobre el polo norte en tránsito inferior.

En la Tabla 1 (izquierda), los períodos de varios días en la columna 4 en las tres latitudes altas deben estar relacionados con la disminución de la velocidad de rotación (columna 3). Recordemos que en verano, en latitudes altas, el Sol está continuamente sobre el horizonte (sol de medianoche) por lo que la visión de la Luna puede verse atenuada.

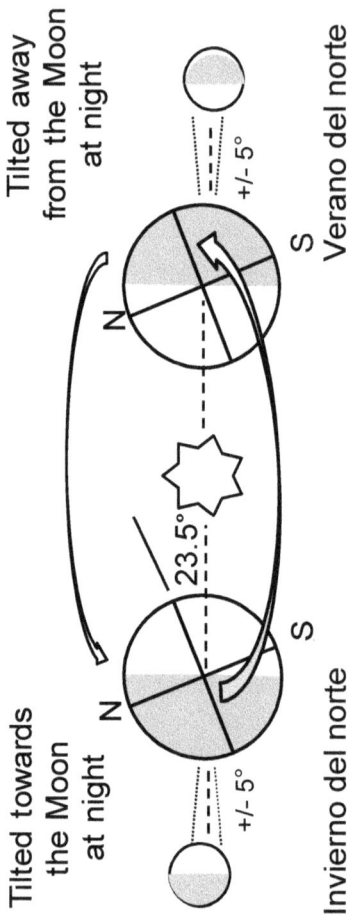

Diagram A. The Earth-Moon system's orbit around the Sun showing the northern hemisphere winter (L) and summer (R) Author's diagram, not to scale. CC-BY-SA Geldart

Tilted towards the Moon at night

Tilted away from the Moon at night

23.5°

N

S

N

S

+/- 5°

+/- 5°

Invierno del norte

Verano del norte

La inclinación de la Tierra

Como se muestra en el Diagrama A, la Tierra está inclinada sobre su eje 23,5°, de modo que en el invierno boreal (L) el hemisferio norte está inclinado en dirección contraria al Sol. Seis meses después, el hemisferio norte está inclinado hacia el Sol, lo que da lugar al verano boreal (R).[9]

Dado que el Sol y la Luna llena, como se muestra, están por definición opuestos, cuando la declinación del Sol es mínima en el invierno boreal (I), la declinación de la Luna llena debe ser máxima, y viceversa en el verano boreal (D). Por consiguiente, la altitud máxima de la Luna llena es mayor en invierno que en verano.

También se muestra la inclinación variable de la órbita de la Luna con respecto a la eclíptica, de unos 5°.

---

9 La inclinación axial de la Tierra, de 23,5°, es la misma a lo largo de su órbita y solo cambia unos pocos grados a lo largo de unos 26.000 años, a medida que la orientación de su eje gira lentamente, o precesa, como la de una peonza. Véase https://space-geodesy.nasa.gov/multimedia/videos/EarthOrientationAnimations/EOAnimations.html

Los trópicos

Dado que la inclinación axial de la Tierra implica que el ecuador tiene una inclinación de unos 23,5° con respecto a su órbita alrededor del Sol, la eclíptica, la región donde el Sol puede estar en el cenit (su declinación), oscila entre los 23,5° N y los 23,5° S. Esta zona se denomina trópico (del griego tropikós, que significa «giro») y está delimitada por el Trópico de Cáncer (23,5° N) y el Trópico de Capricornio (23,5° S). La Luna también tiene trópicos lunares, pero varían debido a la inclinación orbital de 5° de la Luna con respecto a la eclíptica, lo que, como resultado de la precesión[10] La órbita varía desde 18,5° hasta un máximo de 28,5° de latitud N&S: por encima de 28,5° N en el hemisferio norte, la Luna se ve en tránsito de medianoche (al cruzar su meridiano) hacia el sur, y en latitudes superiores a 28,5° en el hemisferio sur, se ve en tránsito hacia el norte. La Luna solo puede estar en el cenit del observador cuando su declinación y la latitud del observador son iguales, lo que significa que esto

---

10 La órbita de la Luna precesa (rota) a lo largo de un ciclo de 18,6 años y la inclinación orbital de la Luna de 5° se suma o se resta de la inclinación de la Tierra de 23,5° a lo largo de este ciclo, de modo que la inclinación de la Luna con respecto al ecuador de la Tierra varía entre aproximadamente 18,5° y 28,5° de latitud norte-sur.

solo ocurre hasta un máximo de 28,5° de latitud N-S.

La órbita de la Luna está inclinada respecto al plano ecuatorial de la Tierra (por definición, su horizonte es paralelo al ecuador), por lo que la Luna se mueve por encima y por debajo de este plano a lo largo de un mes lunar. Debido a esto, el ángulo de la Luna con el ecuador (su declinación) varía a lo largo del mes. Jean Meeus:

> "El plano de la órbita lunar forma un ángulo de 5° con el plano de la eclíptica. Por lo tanto, en el cielo, la Luna se mueve aproximadamente a lo largo de la eclíptica, y durante cada revolución (27 días) alcanza su máxima declinación norte… y dos semanas después, su máxima declinación sur. Dado que la órbita lunar forma un ángulo de 5° con la eclíptica, y la eclíptica un ángulo de 23° con el ecuador celeste, las declinaciones extremas de la Luna se sitúan entre 18° y 28° (norte o sur), aproximadamente."[11]

---

11 *Astronomical Algorithms*. 2nd ed. Jean Meeus. Willmann-Bell, 1998. *Nótese que ha redondeado algunas cifras.*

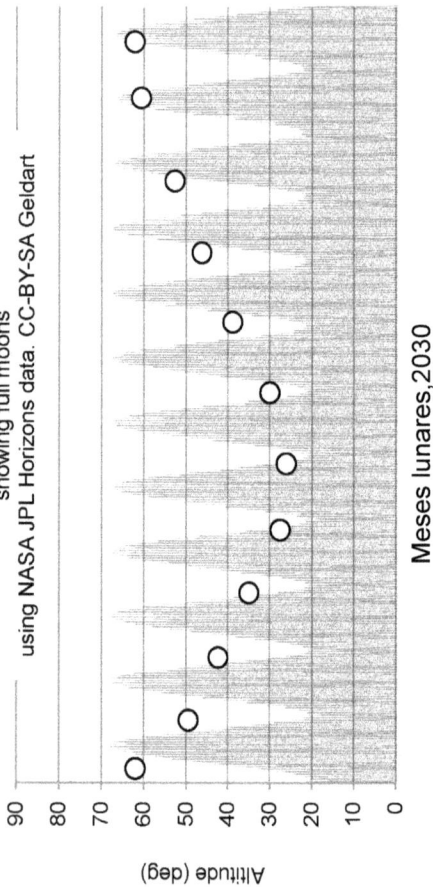

Diagram B. The Moon as seen from 45° N, 0°
showing full moons
using NASA JPL Horizons data. CC-BY-SA Geldart

Meses lunares, 2030

Altitude (deg)

Meses lunares

Al trazar la altitud de la Luna vista desde 45° de latitud norte y 0° de longitud, durante todo el año 2030, se muestran ondulaciones sombreadas de meses lunares siderales de aproximadamente 29,5 días, similares durante todo el año sin variación estacional (Diagrama B). La órbita de la Luna es independiente de nuestras estaciones, nuestros meses, nuestro ciclo diurno de día y noche y su propia fase.[12], y, por cierto, los solsticios y equinoccios del Sol. Se indican las lunas llenas (cuando la Luna está opuesta al Sol, más o menos directamente detrás de la Tierra), y son más bajas en verano y más altas en invierno debido a la inclinación prácticamente fija de la Tierra en su órbita (Diagrama A).

---

12 La Luna siempre está completamente iluminada en su cara orientada hacia el Sol durante toda su órbita (a menos que pase por la sombra de la Tierra) y solo desde la Tierra vemos la cara que mira hacia nosotros iluminada progresivamente en diferentes fases. La curva convexa de la porción iluminada mira hacia el Sol, que por supuesto se encuentra bajo el horizonte durante la noche. Durante el día, podemos ver una Luna pálida (aún en la cara nocturna de la Tierra) con el Sol en la parte opuesta de la cúpula celeste. La fase de la Luna no está relacionada con su trayectoria ni altitud aparentes. Es solo un efecto de la iluminación tal como la percibimos desde la Tierra.

El año de muestra 2030 se encuentra aproximadamente a la mitad de la precesión de la órbita de la Luna a lo largo de 18,6 años, y su altitud varía 5° durante ese período. Las curvas sombreadas serían unos 5° menos durante la pequeña parada lunar de 2015 y unos 5° más durante la gran parada de 2043. Cuando la Luna se encuentra en sus declinaciones mínima (18,5°) y máxima (28,5°), se denomina parada porque la Luna sale aproximadamente en el mismo punto en el horizonte durante algunas noches. Esto puede llamarse lunisticio (compárese con el solsticio, cuando el Sol está en el Trópico de Cáncer a 23,5° N. o en el Trópico de Capricornio a 23,5° S.).

La Luna vista desde latitudes bajas y medias

Las siguientes gráficas 1 y 2 muestran que, en esas fechas, la altitud de la Luna llena disminuye a medida que aumenta la latitud del observador (0° □ 22° □ 45°) y aparece más alta en invierno que en verano.

En latitudes inferiores a unos 70°, la Luna sale, transita y se pone, y su posterior tránsito inferior, 12 horas después, no se ve bajo el horizonte.

I. Full moon as seen from low latitudes in summer

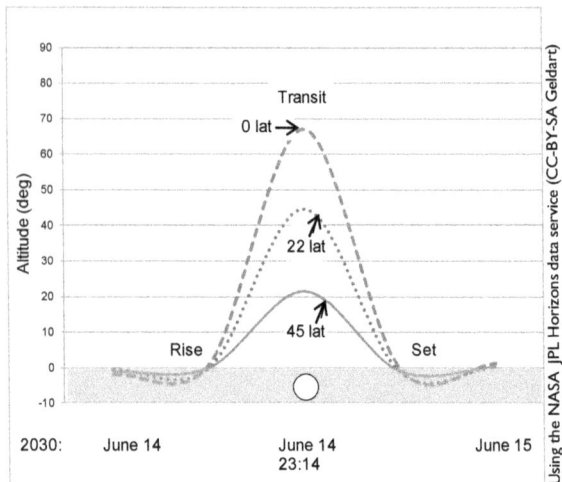

Nótese que la Luna llena transita el meridiano del observador (la dirección hacia el ecuador, es decir, aproximadamente al sur para aquellos en el hemisferio norte y al norte desde el hemisferio sur) alrededor de la medianoche del 14 de junio y medio mes después la Luna nueva (no iluminada en nuestro lado) transita alrededor del mediodía pero la vista está abrumada por la luz solar (a menos que la Luna pase frente al Sol, dando lugar a un eclipse solar).

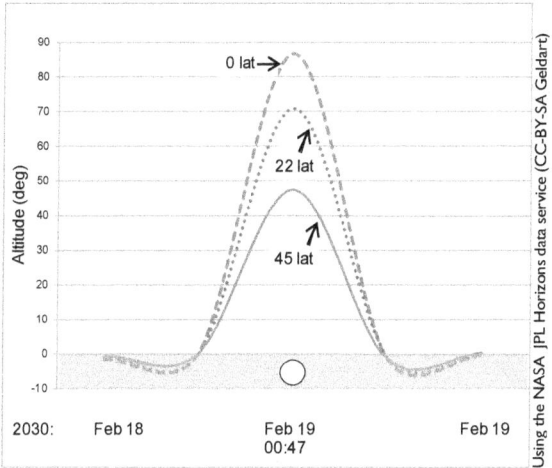

2. Full moon as seen from low latitudes in winter

El gráfico 2 muestra que las curvas de altitud de la Luna son más altas en febrero de 2030 que en junio (gráfico 1)..

3. Full moon as seen from low latitudes in winter

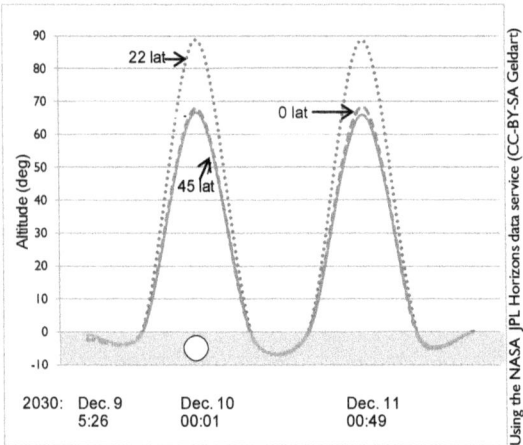

Además de verse en el cenit desde el ecuador, la Luna podría verse en el cenit desde otras latitudes, hasta una latitud máxima de 28,5° N o S.

En la Carta 3 de diciembre de 2030, la Luna llena aparece más alta desde la latitud 22° que desde el ecuador (0°), lo cual no ocurrió en febrero, cuando se veía más alta desde 0° (Carta 2). La vista desde 0° y 45° es prácticamente la misma, pero en el hemisferio norte, desde 0° la Luna se ve hacia el norte y desde 45° N, hacia el sur.

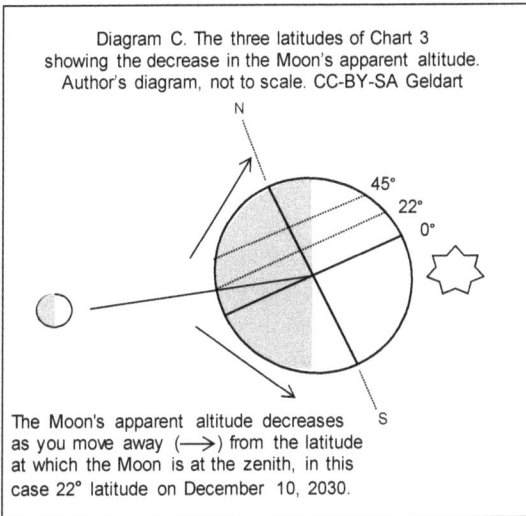

Diagram C. The three latitudes of Chart 3 showing the decrease in the Moon's apparent altitude. Author's diagram, not to scale. CC-BY-SA Geldart

N

45°
22°
0°

The Moon's apparent altitude decreases as you move away (⟶) from the latitude at which the Moon is at the zenith, in this case 22° latitude on December 10, 2030.

S

En apoyo de la Gráfica 3, el Diagrama C muestra gráficamente que la altitud aparente de la Luna es mayor vista desde 22° de latitud N que desde 0° (ecuador): alcanza su altitud máxima cerca del cenit.

Esto se puede explicar mediante la Ecuación 1:

Luna llena vista el 10 de diciembre de 2030 (Gráfica 3)

$0°$ de latitud: hmáx = $90° - |21° - 0°| = 69°$
$22°$ de latitud: hmáx = $90° - |21° - 22°| = 89°$ (en el cenit)
$45°$ de latitud: hmáx = $90° - |21° - 45°| = 66°$

Otra forma de considerar esto es teniendo en cuenta que, en esta fecha, vista desde el ecuador, la Luna aparece al norte, desde los $22°$ de latitud N aparece directamente sobre la Tierra (aproximadamente en el cenit) y desde los $45°$ de latitud N aparece al sur. Cuando la latitud del observador ($45°$) es mayor que la declinación de la Luna (aprox. $21°$), el tránsito lunar es hacia el sur; cuando la latitud del observador ($0°$) es menor, el tránsito lunar es hacia el norte. Dado que la Luna está en el cenit vista desde los $22°$ de latitud N, todos los observadores al norte la ven al sur, mientras que los que están al sur la ven al norte.

La Luna vista desde latitudes altas

En la zona central del siguiente Gráfico 4 (verano), a mediados de junio, se aprecia claramente que desde los 70° de latitud la Luna llena apenas se ve en el horizonte.13 y desde latitudes 80° y 90° se ha puesto.

---

13 En cuanto a la Luna cerca del horizonte, el servicio de datos NASA JPL Horizons tiene en cuenta la refracción (la curvatura de la luz a través de la atmósfera, lo que hace que los objetos celestes parezcan más altos). Sin embargo, no se pueden considerar las tierras altas ni las nubes en el horizonte local que pueden oscurecer una Luna baja. Además, se asume que la altura del observador sobre el suelo es cero, como si observara sobre una extensa masa de agua o terreno llano.

4. Moon as seen from high latitudes in summer.

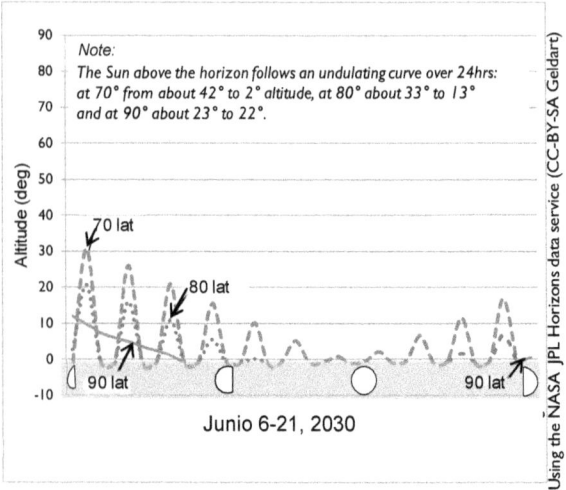

Note:
The Sun above the horizon follows an undulating curve over 24hrs:
at 70° from about 42° to 2° altitude, at 80° about 33° to 13°
and at 90° about 23° to 22°.

Altitude (deg)

70 lat

80 lat

90 lat

90 lat

Junio 6-21, 2030

Por encima de los 70° de latitud, en verano, el Sol comienza a permanecer sobre el horizonte durante períodos prolongados (sol de medianoche), duración que aumenta con la latitud del observador..

5. Moon as seen from high latitudes in winter.

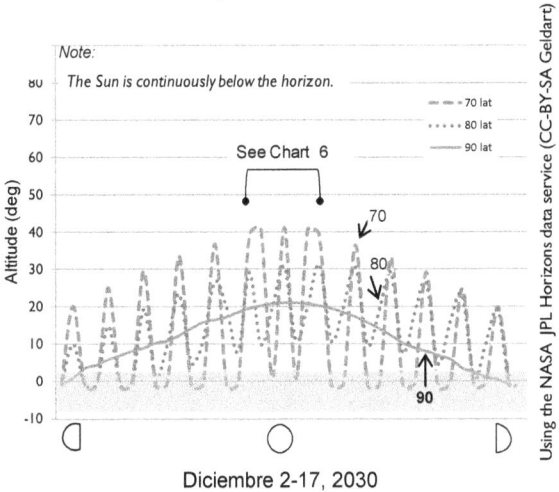

Diciembre 2-17, 2030

En la Carta 5, en invierno, las curvas ondulantes de la Luna son más altas que en la Carta 4, en verano, debido a la inclinación prácticamente fija de la Tierra (Diagrama A). Se producen tránsitos superiores cuando la Luna alcanza su altitud máxima y cruza el meridiano del observador, seguidos de tránsitos inferiores 12 horas después, cuando aún no se ha puesto y vuelve a cruzar el meridiano. Cabe destacar que la curva para la latitud de 90° es bastante uniforme, ya que los tránsitos superiores e inferiores son prácticamente iguales. Por lo tanto, la Luna se encuentra sobre el horizonte y a baja altitud durante un período prolongado, cuando se encuentra, durante aproximadamente medio mes, en el lado nocturno de la Tierra. Esto se aplica a todas las latitudes superiores a 70° en invierno: permanece sobre el horizonte durante unos seis días a 70°, once días a 80° y catorce días (el medio mes completo) a 90°. La Luna ha estado ondulando baja en el cielo durante todo este tiempo.

En cuanto al Sol, por encima de los 66° de latitud aproximadamente, en invierno está por debajo del horizonte durante períodos cada vez más largos a medida que aumenta la latitud del observador (noche polar).

6. Full moon as seen from high latitudes in winter (detail)

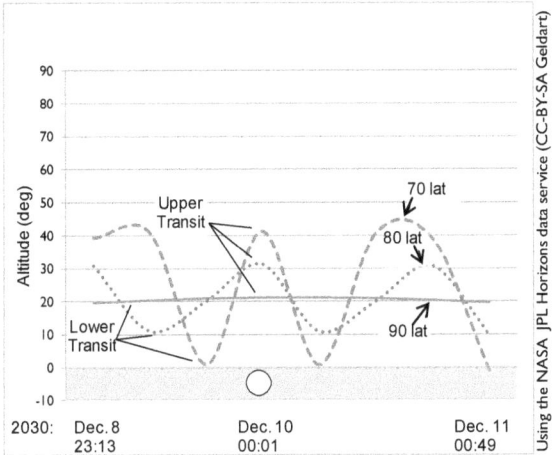

Al ampliar la Gráfica 5, la Gráfica 6 detalla la altitud de la Luna llena durante tres días de diciembre en latitudes altas. Compárese con las latitudes bajas en invierno, donde las curvas son más altas (Gráfica 2). En estas latitudes altas, los tránsitos superior e inferior se encuentran por encima del horizonte. En el caso de 90°, la línea es muy plana porque ambos tránsitos tienen aproximadamente la misma altitud (20°, 21°)..

En latitudes altas, los tránsitos de la Luna que cruzan el meridiano del observador son tales que los tránsitos superiores se observan mirando a un acimut de aproximadamente 180° hacia el ecuador, y 12 horas después, cuando el observador se encuentra al otro lado del eje terrestre, los tránsitos inferiores se observan mirando a un acimut de aproximadamente 0° sobre el polo. Véase la Tabla 2, que detalla los tránsitos para 70°, 80° y 90° N (hemisferio norte).

Notas de la Tabla 2

En apoyo de la Tabla 6.

Az ‡. Para los tránsitos superiores en estas latitudes árticas, los observadores miran hacia el sur a un acimut de aproximadamente 180°. Los tránsitos inferiores se observan hacia el norte, mirando hacia atrás sobre el polo a un acimut de aproximadamente 0°. La razón por la que los números en la columna Az ‡ no son exactamente 0° y 180° se debe a la precisión minuto a minuto del cálculo en las tablas de efemérides del JPL Horizon.

*** En estas fechas de pleno invierno, la Luna se encuentra continuamente sobre el horizonte (no hay salida ni puesta).

A 90° de latitud (el polo), ambos tránsitos lunares tienen aproximadamente la misma altitud (20°, 21°).

Los valores de altitud varían 5° a lo largo del ciclo de precesión de 18,6 años de la órbita lunar. Por ejemplo, el valor de tránsito superior de 70° de "41" sería alrededor de 5° menos (a mediados de los 30) en la parada lunar menor de 2015, y alrededor de 5° más (a mediados de los 40) en la parada lunar mayor de 2043.

Table 2. Data for upper and lower transits of the Moon
as seen from high latitudes in winter.
CC-BY-SA Geldart, based on data from the
U.S. Naval Observatory and NASA's JPL Horizons

Year: 2030

Latitude: N 70 °

Date	Rise	Az.	Upper Transit.	Alt.	Az ‡	Set	Az.	Lower Transit.	Alt.	Az ‡
	h m	°	h m	°	°	h m	°	h m	°	°
Dec-08	***		23:07	41 South	182	***		10:43	1 North	1
Dec-09	***		23:55	41 South	181	***		11:31	1 North	1
Dec-10	***					***		12:20	1 North	0
Dec-11	***		00:44	41 South	182	***		13:08	0 North	0

Latitude: N 80 °

Date	Rise	Az.	Upper Transit.	Alt.	Az ‡	Set	Az.	Lower Transit.	Alt.	Az ‡
	h m	°	h m	°	°	h m	°	h m	°	°
Dec-08	***		23:07	31 South	182	***		10:43	10 North	0
Dec-09	***		23:55	31 South	181	***		11:31	11 North	1
Dec-10	***					***		12:20	11 North	0
Dec-11	***		00:44	31 South	182	***		13:08	10 North	1

Latitude: N 90 °

Date	Rise	Az.	Upper Transit.	Alt.	Az ‡	Set	Az.	Lower Transit.	Alt.	Az ‡
	h m	°	h m	°	°	h m	°	h m	°	°
Dec-08	***		23:07	21 South	181	***		10:43	20 North	2
Dec-09	***		23:55	21 South	180	***		11:31	21 North	1
Dec-10	***					***		12:20	21 North	2
Dec-11	***		00:44	21 South	180	***		13:08	20 North	1

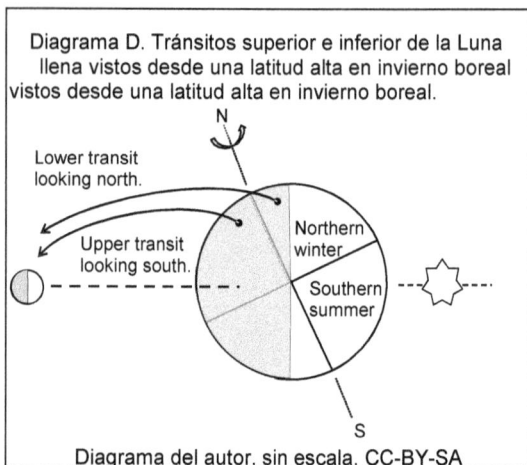

Diagrama D. Tránsitos superior e inferior de la Luna llena vistos desde una latitud alta en invierno boreal vistos desde una latitud alta en invierno boreal.

Lower transit looking north.

Upper transit looking south.

Northern winter

Southern summer

N

S

Diagrama del autor, sin escala. CC-BY-SA

El diagrama D representa los tránsitos de la Luna llena para alguien en, por ejemplo, Alert, Canadá, a 80° de latitud. El tránsito superior de la Luna ocurre alrededor de la medianoche, al cruzar el meridiano del observador sobre el horizonte, a unos 180° de acimut (en el hemisferio norte, mirando al sur). Al girar la Tierra, unas 12 horas después, el observador alcanza el lado diurno (aún en la oscuridad) y observa un tránsito inferior hacia el norte, mirando hacia atrás sobre el polo, a unos 0° de acimut..

Circumpolar

Durante este tiempo, y durante los aproximadamente 14 días que la Luna permanece en el lado nocturno, a latitudes superiores a 70°, ha ondulado sobre el horizonte y es circumpolar: durante 6 días vistos desde 70° de latitud, 11 días a 80° y los 14 días completos (medio mes) a 90°.

En latitudes altas, durante el verano, tanto la Luna como el Sol son circumpolares y nunca se ponen durante períodos prolongados. La Luna puede, en ocasiones, verse débil en el cielo más brillante.

En latitudes altas, durante el invierno, la Luna es circumpolar y el Sol se encuentra por debajo del horizonte.

Conclusión

La órbita de la Luna depende únicamente de su entorno espacio-temporal, es decir, de su propia masa y pozo gravitacional, en combinación con los de la Tierra, el Sol y el sistema solar en su conjunto. En las gráficas, la altitud aparente de la Luna describe una curva ondulada de forma constante que sigue los meses lunares y abarca los años, independientemente de nuestra rotación diaria, nuestros meses, nuestras estaciones, los solsticios y equinoccios del Sol y su propia fase. Sin embargo, su trayectoria sobre el horizonte cambia de noche a noche. Esto se debe a que la Luna orbita a unos 5° de la eclíptica, por lo que su ángulo al norte o al sur del plano ecuatorial de la Tierra (su declinación) cambia a lo largo del mes lunar. Esta declinación, junto con la latitud del observador, permite calcular la altitud de la Luna vista desde cualquier ubicación.

Dos factores ayudan a comprender la posición de la Luna. En primer lugar, al alejarse de la latitud tropical, donde se encuentra en el cenit del observador, aparece progresivamente más baja en el cielo. En segundo lugar, debido a la inclinación (fija) de la Tierra, la Luna llena aparece más alta durante el invierno (cuando la declinación del Sol es mínima y la de la Luna máxima) que en verano, cuando la situación se invierte, con el Sol en su máxima declinación y la Luna en su mínima declinación.

El observador debería ser capaz de comprender las razones de la posición de la Luna e imaginar lo que se ve en otras latitudes.

Geldart

www.ingramcontent.com/pod-product-compliance
Lightning Source LLC
Chambersburg PA
CBHW052123030426

42335CB00025B/3095